ENCYCLOPÉDIE

POPULAIRE,

ou

LES SCIENCES, LES ARTS

ET LES MÉTIERS

MIS A LA PORTÉE DE TOUTES LES CLASSES.

L'instruction mène à la fortune
et conduit au bonheur.

Les contrefacteurs seront poursui-vis selon toute la rigueur de la loi.

Extrait du Code pénal.

PARIS. — IMPRIMERIE DE FAIN,
Rue Racine, n. 4, place de l'Odéon.

LE TOISÉ
DES BATIMENS,

OU

L'ART DE SE RENDRE COMPTE,

ET DE METTRE À PRIX

TOUTE ESPÈCE DE TRAVAUX;

OUVRAGE UTILE
AUX ARCHITECTES, CONSTRUCTEURS ET PROPRIÉTAIRES;

PAR L. T. PERNOT,

ARCHITECTE, EXPERT PRÈS LES TRIBUNAUX,

DIXIÈME PARTIE.

PAVAGE, TERRASSE, POÊLERIE ET FUMISTERIE,
TREILLAGE, GRILLAGE, VIDANGE DES FOSSES.

PARIS.

AUDOT, LIBRAIRE-ÉDITEUR,
RUE DES MAÇONS-SORBONNE, Nᵒ. 11.

1829.

TOISÉ

DES BATIMENS.

PAVAGE, TERRASSE, POÊLERIE et FUMISTERIE, TREILLAGE, GRILLAGE, VIDANGE DES FOSSES.

PAVAGE.

Notions générales.

La pierre dont on se sert pour paver les rues, les cours, etc., est connue sous le nom de grès. Cette pierre est composée de petits grains de quartz, agglutinés par un ciment invisible. Le grès se trouve, soit en masses ou roches informes, soit par couches, dont l'épaisseur est quelquefois considérable. Il varie pour la consistance et la liaison de ses parties. On distingue plusieurs variétés de grès : le grès lustré, *id.* blanc, le bigarré, le rouge, le flexible, et enfin le grès filtrant. Ces grès sont employés à différens usages. Les grès de Fontainebleau, dont on fait le plus d'usage pour paver, sont disposés en très-grands blocs isolés, qui sont entourés de sable quartzeux, et qui s'y fondent, pour ainsi dire, par des nuances insensibles de désagrégation.

Quelques-uns de ces grès sont assez peu compactes, et on les brise très-facilement au marteau pour en faire du sablon. Pour débiter les premières masses dans un rocher, on emploie des coins de fer, ou on les fait sauter par le moyen de la mine. Le pavé à l'usage de Paris se tire de Maubuisson, Palaiseau, Pontoise, Bellay, Meaux, Orçay, Lozaire, Bollain, la Cave, Train, et enfin, Fontainebleau ; ces trois derniers lieux en fournissent la plus grande partie. On distingue deux espèces de grès propres à faire du pavé : la roche dure et la roche franche. Le pavé de roche dure est très-propre au pavage des routes, mais non à celui des cours ; toutes les carrières désignées ci - dessus produisent cette espèce de grès. Pour les rues, le pavé de roche franche n'est pas aussi bon que le précédent, mais il est le seul propre aux cours et autres de lieux intérieurs, comme étant le seul susceptible d'être refendu en plus petits échantillons que ceux usités dans le commerce. Cette dernière espèce ne se trouve que dans les carrières de Fontainebleau et de Maubuisson.

Le pavé débité par les carriers porte 8 pouces carrés, se nomme gros pavé, ou pavé de ville, et est leur seul échantillon. Cette épaisseur étant inutile dans le pavage du bâtiment, on la divise en deux ou trois sur la hauteur. Le pavé de trois porte à peu près 2 pouces 8 lignes d'épaisseur; celui de deux, vu de face, doit avoir 4 pouces d'épaisseur, sur 8 pouces carrés. De cet échantillon il s'en trouve qui, ayant la forme d'un carré long, portent environ 6 pouces de large sur 8 pouces de longueur, ce qui arrive lorsqu'après la première fente du pavé, le fendeur, n'ayant pas cru pouvoir réussir à trouver les deux autres dans le même sens, a retourné le bloc d'une autre manière pour le diviser en deux, et alors il se trouve un pavé à l'échantillon de trois, et les deux autres à celui de deux.

Des ouvriers sont uniquement occupés à la refente, l'équarrissage ou l'ébarbage du pavé, ou les nomme *fendeurs*. Ce travail est très-pénible, et aussi fatigant que celui de la taille ou du piqué du grès. Il exige autant de force que d'adresse; et malgré tous les soins, on ne saurait y éviter un certain déchet occasioné soit par les fils, soit par la mollesse de la matière, qui se brise sous le fer. Ces ouvriers font usage de deux outils; savoir : un couperet à deux tranchans pesant cinquante livres, et qui sert à diviser le bloc d'un seul coup; un portrait de même forme que le couperet, et qui sert à ébarber les pavés. Le premier est fourni par l'entrepreneur, et le second par le fendeur. Ces ouvriers travaillent à la tâche, et débitent jusqu'à quatre cents gros pavés dans un jour.

Le pavage, vieux ou neuf, est mesuré et compté en superficie, tout vide déduit.

Chaque espèce de pavage sera mesurée et classée séparément; on indiquera l'échantillon du pavé; on dira s'il est taillé à vives arêtes; s'il est posé sur terre ou sur sable; on fera connaître l'épaisseur de la forme de sable, celle de la couche de dessus, et enfin la manière dont le pavé sera scellé, comme aussi l'espèce et la qualité du mortier employé à cet usage.

On observera les mêmes règles pour les vieux pavés remaniés, observant de plus s'ils ont été retaillés avant d'être reposés, et si la forme de ceux qui étaient posés sur sable a été ou non conservée. La dépose du vieux pavé, qui aurait été ensuite reposé, ne sera point comptée séparément du remaniement. Les pavés neufs, posés dans du pavage remanié, ou parmi des surfaces non remaniées, seront, les uns et les autres, comptés au cent ou à la pièce.

Les vieux pavés, reposés dans des surfaces non remaniées, seront comptés pour chacun 9 pouces de pied superficiel, et payés au prix du remaniement de cette espèce d'ouvrage. Les ouvrages de terrasse, relatifs à la forme du pavé, dont la hauteur moyenne du déblai employé en remblai, sur le même terrain, n'excèdera pas 6 pouces, ne seront point comptés, comme devant faire partie de la valeur ordinaire du pavage; s'il en est autrement, ces terrasses seront comptées en cubes, pour être payées en raison du travail qu'elles auront exigé. On ne tiendra compte de frais de tombereaux que pour l'enlèvement des terres produites par des déblais, et pour celui des graviers ou morceaux de vieux pavés. Mais l'enlèvement des cimens qui auraient été relevés sous l'ancien pavage, seront à la charge de l'entrepreneur, en raison de l'avantage que devront lui procurer ces matériaux.

TARIF

DES PRIX DU PAVAGE.

———

	fr.	c.
Le gros pavé de Fontaine-bleau, de 8° carrés, revient, tout rendu à son chantier, le cent . .	31	78
Id., la pièce.		32
Le même échantillon de pavé, refendu en deux, vaut, les deux cents	37	90
Id., le cent.	18	95
Id., la pièce.		19
Le même échantillon de pavé, refendu en trois, les trois cents.	40	96
Id., *id.*, le cent.	13	65
Id., *id.*, la pièce		14
Le pavé de deux, mis à l'é-chantillon de 7°, équarris et taillés à vives arêtes, les deux cents.	56	49
Id., le cent.	28	25
Id., la pièce.		28

fr.   c.

Le pavé de deux, mis à l'é-
chantillon de 5° carrés, en sup-
posant qu'il a été levé un pavé de
trois sur une des faces du bloc,
avant de former le pavé de 5°.

	fr.	c.
Les deux cents	43	6
Le cent.	21	53
La pièce.		22

Le pavé refendu en trois, et
mis à l'échantillon de 7°.

	fr.	c.
Les trois cents.	63	55
Le cent.	21	18
La pièce.		21

Le pavé de trois, pris à l'é-
chantillon de 5°.

	fr.	c.
Les trois cents.	49	77
Le cent.	16	59
La pièce.		17

Le millier de pavés de roche
dure, venant de Train, près Fontainebleau, tout rendu à pied
d'œuvre, vaut le mille. 302   38

	fr.	c.
Le cent.	30	24
Le pavé, vaut.		30

fr. c.

(Ce pavé porte 8° 1/2, carré en tout sens.)

Le pavé appelé *Rabot*, et dont on fait peu d'usage à Paris, est une espèce de cliquart que l'on tire des carrières de Saint-Maur ; on le débite dans la masse, en forme de petits dés, portant 6 à 7 pouces carrés en parement, et 3 et 4, et même 5 pouces d'épaisseur. Ce pavé est irrégulier dans ses dimensions, ses joints sont souvent démaigris ; il ne se pose qu'avec difficulté ; en outre, il ne fait pas bien corps avec le mortier, et est sujet à se déliter par l'humidité, et plus encore par la gelée. On ne l'emploie que dans les parties intérieures ou de peu d'importance.

Le cent de ces pavés, tout rendu, vaut. 11. 50

Le cent de vieux pavés de ville, que l'on met au rebut lors

d'un remaniement, vaut, tout rendu. 15

Le vieux pavé de deux, de trois et de rebut, vaut, tout rendu, le cent. 5

Le ciment est, en général, la matière dont on se sert pour paver les cours, cuisines, etc., des bâtimens. Le meilleur provient de la tuile ou brique de Bourgogne, ou encore de gazettes, qui ont été employées par les manufacturirs de faïence et de porcelaine. Les paveurs font ordinairement concasser, dans leurs ateliers, les matières dont nous venons de parler, et préparer leur ciment.

Le muid de ciment, en tuileaux de Bourgogne, sans aucun mélange, concassé et passé au crible fin, vaut. 50   88

Le pied cube. 1   6

Le mètre cube. 30   92

	fr.	c.
Valeur d'un muid ou 48 pieds cubes de ciment concassé , fait avec des tuileaux et briques de Bourgogne, ou des gazettes. . .	31	13
Le pied cube.		65
Le mètre cube.	18	96
Le muid de ciment fait avec des débris de briques, carreaux, poteries, etc.	24	26
Le pied cube.		51
Le mètre cube.	14	87

Depuis que l'on a découvert que le ciment d'eau forte renfermait de l'alun, on ne l'emploie plus dans son état naturel, on l'emploie après qu'il a été lessivé. Mêlé dans cet état avec trois quarts de ciment de première qualité il fait un bon mortier.

Ce ciment vaut, le muid. . . .	70	25
Le pied cube.	1	46
Le mètre cube vaut.	42	59

Ce ciment a la propriété de faire durcir promptement le mor-

fr.   c.

tier dans lequel on l'emploie. Il faut, pour faire un bon mortier d'eau forte, en mettre un pied cube sur trois pieds de l'autre. La chaux employée pour les mortiers propres au pavage, est la chaux de Melun. Elle a la propriété de foisonner d'un cinquième de plus que les autres dans sa fusion.

	fr.	c.
Le muid de chaux vive revient à.	120	70
Cette chaux éteinte et refroidie donne deux pieds cubes pour chaque pied de chaux vive. Le muid vaut.	60	35
Le pied cube de chaux éteinte, *id*..	1	26

Le salpêtre est un mélange de terre et de plâtras salpêtrés, que l'on a lessivés pour en extraire les sels. Le salpêtre s'emploie dans les écuries, remises, celliers, bûchers, etc., dont le pavage est refait en pavés vieux, soit gros,

soit petits. Il sert aussi aux gros
pavés des cours. Le salpêtre revient tout rendu, le tombereau,
formant 30 pieds cubes.   3   25
   Le pied cube vaut.   11

Le sable dans le pavage s'emploie aux
formes, aux lits de dessus et aux mortiers.
Le pavé de ville se pose sur sable seulement et jamais avec du mortier. On donne
8 à 9° d'épaisseur à cette forme de sable.
Quand on emploie du pavé de deux ou de
trois, on ne met pas dessous de forme en
sable, mais on y établit une chape de
12 lignes d'épaisseur environ, avec le même
mortier, propre à faire les joints et à
sceller le pavé; quelquefois, sous le pavé
de deux ou trois, on fait une forme en
sable de 3 à 4 pouces, mais ce n'est ordinairement que dans le premier pavage
d'une cour, établi sur un terrain mouvant.
On doit proportionner la forme du sable
à l'épaisseur et à l'échantillon du pavé.
Quand le pavé est posé, on le recouvre quelquefois d'une couche de sable de 12 lignes
d'épaisseur; et si c'est du pavé de cour,
avant cette opération on saupoudre de

vieux grès pulvérisé tous les joints du mortier encore frais, afin de le préserver du lavage des pluies. Les sables employés pour le pavage sont le sable de plaine et celui de rivière. Le premier se tire des plaines de Vaugirard, Grenelle, etc. Tous ces sables sont propres à faire la forme du pavé ; mais les sables de Vaugirard et de Grenelle sont particulièrement propres à faire du mortier. Le sable de rivière est plus propre que celui de plaine à faire du mortier, aussi l'emploie-t-on de préférence.

	fr.	c.
Un tombereau de sable de plaine contenant 30 pieds cubes, vaut.	4	25
Le pied cube, *id.*		14
Le mètre cube.	4	8
Le tombereau de sable de rivière contenant *id.*, vaut.	4	50
Le pied cube.		15
Le mètre, *id.*	4	37

Le mortier de chaux première qualité et avec du ciment de pure tuile Bourgogne, sans aucun mélange.

	fr.	c.
Les 36 pieds cubes valent. .	53	28
Le pied cube, *id.*	1	48
Le mètre, *id.*	43	17

Mortier en chaux de première qualité, avec ciment en tuile et brique de Bourgogne.

	fr.	c.
Les 36 pieds cubes valent. . .	38	52
Le pied cube vaut.	1	7
Le mètre, *id.*	31	21

Mortier fait avec de la chaux et du ciment de carreaux, poteries, fabriquées chez l'entrepreneur.

	fr.	c.
Les 36 pieds cubes valent. . .	33	48
Le pied cube, *id.*		93
Le mètre, *id.*	27	13

Mortier fait avec du ciment de tuile de Bourgogne, mêlé d'un tiers de ciment d'eau forte.

	fr.	c.
Les 36 pieds cubes valent. . .	56	88
Le pied cube, *id.*.	1	58
Le mètre, *id.*.	46	9

Mortier en chaux et sable.

	fr.	c.
Les 36 pieds cubes valent. . .	24	30

	fr.	c.
Le pied cube *id*.		68
Le mètre *id*.	19	83
La journée d'été des compagnons est de.	3	50
La journée *id*. des garçons.	2	25

Les journées d'hiver, ayant deux heures de moins de travail qu'en été, sont payées proportionnellement à cette différence de temps.

D'après les détails que nous venons d'établir,

Les gros pavés de ville, en roche dure, posés sur forme de sable de plaine de 8° d'épaisseur, et une couche de sable dessus, la toise superficielle vaut. 28 48

Le mètre *id*. vaut. 7 49

Les mêmes pavés posés sur forme de sable avec une même couche, et scellés en salpêtre.

La toise superficielle. 29 55

Le mètre, *id*. 7 78

Le même pavé, mais scellé en

	fr.	c.

mortier de chaux et sable de rivière.

La toise superficielle vaut. . .   34   21
Le mètre *id*.,.   9

Gros pavés en roche franche, posés sur forme de sable de plaine de 8° d'épaisseur, avec une couche de sable dessous.

La toise superficielle. . . . . ,   31   49
Le mètre, *id*.   8   29

Pavés en roche refendus en deux, pour cour, posés sur forme en terre et scellés en salpêtre.

La toise superficielle.   19   90
Le mètre, *id*..   5   24

Le même pavé scellé en mortier de chaux et sable de rivière.

La toise superficielle.   23   77
Le mètre, *id*.   6   26

Le même pavé scellé en mortier de chaux et ciment de tuileaux et carreaux.

La toise superficielle.   25   52

	fr.	c.
Le mètre, *id.*.	6	72

Le même, scellé en mortier de chaux et ciment de tuiles de Bourgogne ou de gazettes.

La toise superficielle.	26	50
Le mètre *id.*,.	6	97

Le même, scellé en mortier de chaux avec ciment de tuile pure de Bourgogne, passé au crible fin.

La toise superficielle.	20	36
Le mètre *id.*.	7	73

Le même, scellé en mortier de chaux et ciment de tuile de Bourgogne, mêlé d'un tiers de ciment d'eau forte.

La toise superficielle vaut. . .	30	6
Le mètre, *id.*	7	91

Pavé de cour refendu en trois posé sur forme de sable et scellé en salpêtre.

La toise superficielle.	15	7
Le mètre, *id.*	3	97

fr. c.

Le même, scellé en mortier de chaux et sable de rivière.

La toise superficielle. 18 27
Le mètre, *id*. 4 81

Le même, scellé en mortier de chaux et ciment de carreaux et poteries.

La toise superficielle. 19 73
Le mètre, *id*. 5 19

Le même, scellé en mortier de chaux et ciment de tuiles de Bourgagne ou de gazettes.

La toise superficielle. 20 55
Le mètre, *id*.. . . . . 5 41

Le même, scellé en mortier de chaux, avec ciment de tuile de Bourgogne pure, passé au crible fin.

La toise superficielle. 22 94
Le mètre, *id*. 6 4

Le même, scellé en mortier de chaux et ciment de tuiles de

fr.   c.

Bourgogne, mêle d'un tiers de ciment d'eau forte.

La toise superficielle. 23 52

Le mètre, *id.* 6 19

Pavés de deux, de 7° carrés, taillés à vives arêtes, scellés en mortier de ciment de pure tuile de Bourgogne.

La toise superficielle. 45 17

Le mètre, *id.* 11 89

Le même pavé et échantillon, mais de 5° carrés.

La toise superficielle 61 4

Le mètre, *id.* 16 6

Le même pavé, échantillon de 7°, refendu en trois.

La toise superficielle. 35 78

Le mètre, *id.* 9 42

Le même échantillon, mais de 5° carrés.

La toise superficielle. 49 40

Le mètre, *id.* 13

Pavés de pierre, nommés ra-

fr. c.

bots, posés sur forme de terre, et scellés en salpêtre.

La toise superficielle. 15 18
Le mètre, *id.* 3 99

Les mêmes, scellés en mortier de chaux et ciment de carreaux et poteries.

La toise superficielle. 21 33
Le mètre, *id.* 5 61

Vieux pavés de ville, fournis par l'entrepreneur, posés sur forme en terre, avec un lit de sable dessous, et les joints faits aussi en sable.

La toise superficielle. 18
Le mètre, *id.* 4 7

Vieux pavés de deux et de trois, mêlés, fournis par l'entrepeneur, posés sur forme de terre et scellés en salpêtre.

La toise superficielle 8 48
Le mètre, *id.* 2 23

Le même pavé, scellé en mortier de chaux et ciment commun.

	fr.	c.
La toise superficielle	13	7
Le mètre, *id.*	3	44

Pavage en remaniement.

Gros pavés de ville, reposés
sur ancienne forme.

	fr.	c.
La toise superficielle.	1	70
Le mètre, *id.*		45

Le même pavé, avec fourniture
de sable pour le lit de dessous et
les joints.

	fr.	c.
La toise superficielle	3	1
Le mètre, *id..*		79

Le même, scellé en salpêtre et
posé sur l'ancienne forme.

	fr.	c.
La toise superficielle.	3	46
Le mètre, *id.*		91

Le même, scellé en mortier de
chaux et sable.

	fr.	c.
La toise superficielle.	8	39
Le mètre, *id*	2	21

Pavés de deux et de trois, non
retaillés, et posés sur vieilles formes, et scellés en salpêtre.

	fr.	c.
La toise superficielle.	3	10
Le mètre, *id.*		82

Le même, scellé en mortier de chaux et sable.

	fr.	c.
La toise superficielle.	6	96
Le mètre, *id.*	1	83

Le même, scellé en mortier de chaux et ciment de carreaux.

	fr.	c.
La toise superficielle	8	18
Le mètre, *id.*	2	15

Le même, scellé en mortier de chaux et ciment de tuiles ou de gazettes.

	fr.	c.
La toise superficielle.	9	8
Le mètre, *id.*	2	39

Le même, scellé en mortier de ciment de tuiles, mêlé de ciment d'eau forte.

	fr.	c.
La toise superficielle..	12	34
Le mètre, *id.*	3	25

Le même pavé, mais dont on a rafraîchi ou ébarbé les joints avant la repose, et ces pavés scellés en salpêtre.

	fr.	c.
La toise superficielle	3	47
Le mètre, *id.*		91

Le même pavé, scellé en mortier de chaux et ciment commun.

	fr.	c.
La toise superficielle	8	54
Le mètre, *id.*	2	25

Le même, scellé en mortier de chaux et ciment de tuiles de Bourgogne.

	fr.	c.
La toise superficielle	9	44
Le mètre, *id.*	2	48

Vieux pavés d'échantillon de 6°, rafraîchis sur les joints, et scellés en mortier semblable au dernier.

	fr.	c.
La toise superficielle	13	18
Le mètre, *id.*	3	47

Le prix d'une forme de 6° d'épaisseur, faite en sable de plaine, et non compris le temps d'étendre ce sable.

	fr.	c.
La toise superficielle	2	94

fr.   c.

Le pouce d'épaisseur sur une toise, *id.*   49

Le mètre, *id.*, sur 6$_o$ d'épaisseur.   77

Le cent, d'épaisseur.   5

Le cent de gros pavés de roche dure, posés partiellement parmi les vieux pavages remaniés.

Le cent de pavés.   35   28
La pièce.   35
Pavés de deux, posés de même.
Le cent.   22   11
La pièce   22
Pavés de trois, posés de même.
Le cent.   15   93
La pièce.   16

Détail d'un cent de gros pavés de roche dure, posés sur forme de sable, en recherche parmi d'anciens pavés en place.

Le cent.   45   6
La pièce.   45

Pavés de deux, posés de même,

fr.   c.

et scellés en mortier de chaux et
de ciment commun.

    Le cent 40 15

    La pièce   40

    Pavés de trois, posés de même
que les précédens.

    Le cent 33 96

FIN DU PAVAGE.

TERRASSE.

Notions générales.

Dans les bâtimens, le terrassier n'est employé que pour les fouilles des fondations. Le fond peut être de diverses natures de terre, comme de tuf, de roc, de sable mêlé de terre, ou de sable un peu mouvant, d'argile, de terre grasse, peu noire, etc. Il faut savoir se servir à propos de toutes ces sortes de terrains, pour fonder quand on trouve le solide, ou pour y remédier par art quand le terrain n'est pas solide. Le meilleur fond, pour bâtir, est le tuf, quand il est d'une terre forte, bien serrée, et liée avec de gros grains de sable ; le terrain où il n'y a point de sable mêlé n'est pas si bon, comme la terre rouge, que l'on appelle terre à four. Les plus mauvais terrains, pour fonder, sont le sable doux sans être mêlé de terre, la vase et l'argile.

Les élémens qui composent la terrasse, sont : 1°. la fouille des terres ; 2°. la jetée sur berge ou sur banquette, dans des tombereaux ou des brouettes, enfin leur montage par un treuil et des baquets ; 3°. le repiochage sur berge des terres affaissées ; 4°. le chargement ; 5°. le transport par des hommes ou des chevaux ; 6°. le remblai des terres ; 7°. le tassement ou battage ; 8°. le régalement ; 9° enfin le dressement des talus et le nivellement des terrasses.

La mesure des ouvrages de terrasse se fait en cube ; le toisé est très-difficile, surtout quand le dessus des terres est fort inégal. Lorsque l'on coupe des terres d'inégale hauteur, on suppose ordinairement un plan de niveau ou en pente ; ce plan fait connaître l'inégalité de la hauteur des terres, et, pour voir cette inégalité, on laisse des témoins, qui sont des endroits, qu'on laisse de distance en distance, où la hauteur de la terre coupée, est conservée ; puis, quand on veut faire le toisé, on mesure toutes ces différentes hauteurs. On les ajoute ensemble, et on les divise par la quantité des témoins, pour en faire une hauteur commune, que l'on multiplie par la superficie de l'aire contenue dans les terres coupées pour en avoir le cube. Ce mode de mesurage, qui suppose les témoins placés à égale distance, et le dessus de la terre un plan droit, ne peut servir quand le terrain est courbé et inégal.

Pour opérer aussi juste que possible, il faut mesurer les terres parties à parties, c'est-à-dire que, dans un grand toisé, quand on voit une partie de terre dont le dessus est à peu près d'égale pente ou de niveau, il faut toiser cette partie à part, et en faire autant pour le reste ; quand les terres sont coupées sur un plan en pente, il faut mesurer la hauteur des témoins par une ligne mince d'équerre sur ce plan. On exprimera avec soin la quantité de terrain fouillé ; si cette fouille a été faite ou non par abattage ; si les terres ont été jetées au moyen de banquettes, ou bien si les terres ont été montées au treuil et à quelle hauteur moyenne ; comment le transport s'en est fait, la distance moyenne du transport, et si le terrain parcouru est de niveau, ou s'il est en pente montante ou descendante à charge, et les hauteurs des pentes par toise ou mètre de longueur ; si au déchargement les terres ont été régalées, et enfin si elles ont été tassées ou pilonées. Quand on aura dressé des talus, ou fait le nivellement des terrasses, ce travail sera compté séparément et en superficie.

TARIF

DES PRIX DE LA TERRASSE.

———

Tableau du temps nécessaire à faire la fouille d'une toise cube sans abattage, à la jeter sur berge et à la charger dans des tombereaux.

	Temps employé.	
	h.	m.
Sable coulant.	13	
Terre sablonneuse ordinaire.	14	30
Id. mêlée de pierrailles. . . .	16	
Id. pétrifiée.	18	
Terre légère.	15	30
Terre ordinaire.	16	
Id. mêlée de pierrailles. . . .	18	30
Terre franche argileuse. . . .	17	
Id. mêlée de pierrailles. . . .	18	
Terre rapportée ordinaire. . .	15	
Id. mêlée de plâtras.	16	
Terre glaise ordinaire.	21	

	Temps employé.	
	h.	m.
Terre glaise mêlée de pierrailles.	23	
Id. tenace.	23	
Id. foireuse.	30	
Terre forte argileuse.	20	30
Id. ordinaire.	21	30
Id. graveleuse.	22	30
Id. mêlée de pierrailles.	24	30
Id. dure et mêlée de pierrailles.	30	
Marne de toute espèce	29	
Chemin battu ordinaire. . . .	29	
Id. ferré avec des cailloux. .	31	30
Terre crayonneuse ordinaire.	27	
Id. mêlée de cailloux.	32	
Vase ou tourbe.	30	30
Terrain verseur mêlé de cailloux.	33	
Tuf ordinaire.	30	
Id. mêlé de pierrailles. . . .	35	
Id. dur comme pétrifié. . . .	41	
Roc ordinaire.	58	
Id. de grès.	58	
Id. de silex.	85	
Id. silex très-dur.	140	

Temps employé.
h.   m.

Matière molle comme celle que l'on trouve sur les chaussées et dans les bassins.   50

A draguer dans l'encaissement des batardeaux, sable ou vase. .   50   30

Id. Terre ordinaire.   63

A draguer dans les pièces des batardeaux pour les fondations lorsqu'il y a de l'eau. La glaise.   36   30

Id. Crayon.   41   30

Id. Terre forte.   39

Id. Tuf.   53

fr.   c.

La journée des terrassiers se paie.   2   25

(Celle d'un fort cheval, compris les frais du charretier et l'entretien des harnais).   8

Les journées de deux forts chevaux, compris le charretier et les équipages, se paient.   13   50

Prix de la
toise cube.

fr.   c.

Fouille d'une toise cube de terre de marais, de prairie, ou tourbe sans abattage, le déblai fait au louchet.   1   27

Le mètre cube.   17

Terres communes de diverses espèces, faciles à manier, le déblai fait à la bêche.

La toise cube.   1   55

Le mètre, *id.*   21

Les mêmes terres fouillées à la pioche.

La toise cube.   1   41

Le mètre, *id.*   19

Terres sablonneuse et douce fouillées à la pioche

La toise cube.   1   55

Le mètre, *id.*   21

Terre ordinaire et rapportée.

La toise cube.   1   84

Le mètre, *id.*   25

Terre franche mêlée de pierraille.

	Prix de la toise cube.	
	fr.	c.
La toise cube.	2	25
Le mètre, *id.*		30
Terre glaise ordinaire.		
La toise cube.	2	82
Le mètre, *id.*		38
Terre forte mêlée de pierraille.		
La toise cube.	3	24
Le mètre, *id.*		44
Terre crayonneuse ordinaire.		
La toise cube.	3	66
Le mètre, *id.*		49
Tuf ordinaire.		
La toise cube.	4	22
Le mètre, *id.*		57
Tuf très-dur, comme pétrifié.		
La toise cube.	7	5
Le mètre, *id.*		95
Roc ordinaire.		
La toise cube.	10	71
Le mètre, *id.*	1	45

Terre jetée de la fouille sur berge, ou bien dans des camions ou dans des brouettes.

	Prix de la toise cube.	
	Fr.	c.
Terre douce ordinaire.		
La toise cube.	1	13
Le mètre, *id.*		15
Terres glaise, crayonneuse, etc., jetées.		
La toise cube.	1	69
Le mètre, *id.*		23

Terre jetée de la fouille sur des banquettes élevées de six pieds les unes des autres, ou bien jetées dans les tombereaux.

Terres douce, sablonneuse, franche ou forte.		
La toise cube.	1	41
Le mètre, *id.*		19
Terres glaise, crayonneuse ou tuf, jetées de même.		
La toise cube.	2	12
Le mètre, *id.*		29

*Terres forte, glaise, crayonneuse ou tuf,
montées au treuil par deux hommes et
chargées par un troisième.*

	Prix de la toise cube.	
	fr.	c.
Terre montée de 20 pieds de bas.		
La toise cube.	7	76
Le mètre, *id.* . . , ...	1	5
Terre montée de 40 pieds de bas.		
La toise cube.	10	14
Le mètre, *id.*	1	37
Terre montée de 60 pieds de bas.		
La toise cube.	13	52
Le mètre, *id.*	1	83
Terre montée de 90 pieds de bas.		
La toise cube.	21	41
Le mètre, *id.*	2	89

*Terre affaissée sur berge, repiochée avant
d'être chargée.*

Prix de la
toise cube.

fr.   c.

Terres douce, sablonneuse,
franche ou forte.

La toise cube.   1   13

Le mètre, *id.*   15

Terres glaise, crayonneuse,
tuf, etc.

La toise cube.   1   84

Le mètre, *id.*   25

*Transport des terres aux tombereaux,
chaque tombereau contenant environ
vingt-sept pieds cubes de déblai, roulant sur chemin de niveau et mené par
deux chevaux.*

Terres douce, sablonneuse,
franche ou forte, menées à 100
toises de distance.

La toise cube.   6   30

Le mètre, *id.*   85

Terre glaise et autres terres pesantes, transportées à la même distance.

	Prix de la toise cube.	
	fr.	c.
La toise cube.	7	48
Le mètre , *id.*	1	1

Les premières espèces de terre menées à 250 toises de distance.

	fr.	c.
La toise cube.	9	45
Le mètre , *id.*	1	28

Les secondes espèces de terre menées à 250 toises.

	fr.	c.
La toise cube.	11	42
Le mètre , *id.*	1	54

Les premières espèces de terre menées à 500 toises de distance.

	fr.	c.
La toise cube.	17	33
Le mètre , *id.*	2	34

Les secondes espèces de terre menées aussi à 500 toises.

	fr.	c.
La toise cube.	20	48
Le mètre , *id.*	2	77

Les premières espèces de terre, menées à 1000 toises de distance.

	Prix de la toise cube.	
	fr.	c.
La toise cube.	28	35
Le mètre, *id.*	3	83

Les secondes espèces de terre, menées aussi à 1000 toises.

La toise cube.	32	29
Le mètre, *id.*	4	36

Quand les chemins seront de pente continue de 2 à 6 pouces par toise linéaire, on ajoutera aux prix ci-dessus pour les tombereaux montant à charge un cinquième de plus, et pour ceux descendant un huitième de plus.

Transport de terre au camion; chaque camion contenant environ six pieds cubes de déblai, conduit par trois hommes, et roulant sur un chemin de niveau.

Terres douce, sablonneuse, franche ou forte, menées à 50 toises de distance.

La toise cube.	4	50

	Prix de la toise cube.	
	fr.	c.
Le mètre, *id.*		61
Terres pesantes, tuf, glaise, menées à la même distance.		
La toise cube.	5	36
Le mètre, *id.*		72
Les premières espèces de terre, menées à 100 toises de distance.		
La toise cube.	6	77
Le mètre, *id.*		91
Les secondes espèces de terre, menées à la même distance.		
La toise cube.	8	4
Le mètre, *id.*	1	9
Les premières espèces de terre, menées à 150 toises de distance.		
La toise cube.	8	17
Le mètre *id.*	1	10
Les secondes espèces de terre, menées à la même distance.		
La toise cube.	9	53
Le mètre, *id.*	1	29

Pour les camions montant à charge, la pente étant continue

et de 3 pouces par toise linéaire ,
on ajoutera au temps moitié en
sus ; pour les pentes de 7 pouces
par toise le double ; pour les
pentes qui descendent de 3 pouces par toise , il sera diminué un
sixième du temps, et pour celle
de 7 pouces les trois huitièmes.

*Transport des terres à la brouette ; cha-
que brouette contenant environ un pied
cube de déblai, et roulant sur un chemin de niveau.*

Terres douce, sablonneu-
se, franche ou forte, menées
à un relais de 15 toises de distance.

La toise cube.   1   27
Le mètre, *id.*   17

Terres glaise, crayonneuse ou
tuf, menées à la même distance.

La toise cube.   1   48

	Prix de la toise cube.
	fr. c.
Le mètre, *id.*	20
Tassement des terres fait avec la dame.	
La toise cube.	84
Le mètre, *id.*	11
Terres glaise, crayonneuse, tuf, etc.	
La toise cube.	1 33
Le mètre, *id.*	18
Dressement ou nivellement non soigné.	
La toise superficielle.	19
Le nivellement de terrasse bien soigné.	
La toise superficielle.	28
Le mètre, *id.*	7

FIN DE LA TERRASSE.

POÊLERIE et FUMISTERIE.

Notions générales.

Les poêliers s'occupent de tout ce qui concerne les poêles en terre, émaillés ou non émaillés, de leurs ferremens pour carcasses, des tôles pour tuyaux, des cercles, et généralement de tout ce qui est en en fer.

Les poêles sont de plusieurs pièces, et formés de carreaux de terre cuite couverte d'un émail blanc ou coloré. On appelle biscuit, la terre qui n'a point d'émail. Les poêles sont ou portatifs ou construits sur place. Les poêles portatifs se divisent en poêles carrés ou ronds : les poêles carrés ou à numéros se vendent suivant le nombre des carreaux dont ils sont composés.

Au toisé, les ouvrages de fumisterie sont comptés de la manière suivante. Les poêles portatifs, carrés ou ronds, seront évalués à la pièce ; on indiquera leur forme, s'ils sont émaillés ou non, les ornemens qui les décorent. Les trois dimensions des poêles carrés seront prises, la hauteur depuis les pieds du châssis jusque sur la tablette, la longueur et la largeur sur la tablette; il sera dit, en outre, s'ils sont avec four ou sans four, si la tablette est en faïence ou en marbre; on fera mention du nombre des cercles, de leur qualité, de la manière dont la carcasse intérieure sera établie, ainsi que la force et la dimension de la porte.

La mesure des poêles ronds sera prise, pour la hauteur, de même que les poêles carrés, et le diamètre selon celui de la corniche.

Pour les poêles construits sur place, on indiquera : 1°. le nombre des carreaux, leur dimension, de quels ornemens ils sont décorés, s'ils sont en biscuit ou émaillés ; 2°. la colonne et le couronnement; s'ils sont ou non émaillés ; si la colonne est d'une seule pièce ; sa dimension, sa hauteur, sa grosseur et ses ornemens ; si elle est composée de plusieurs tambours, leur dimension, hauteur et grosseur mesurées du dehors, et enfin s'ils sont avec ou sans bandeaux, avec ou sans cannelures, et s'ils ont des guirlandes ; 3°. le nombre de tuiles, de briques et de sacs de terre employés à l'intérieur ; 4°. le poids de la fonte composant toutes les garnitures intérieures, en observant de séparer dans le poids les fontes légères pour plaques percées et pour tuyaux ; d'avec les plaques unies ; 5°. la quantité de bouts de petits tuyaux de tôle servant à conduire la chaleur au dehors ; 6°. La quantité linéaire de cercles qui tient l'intérieur de ces poêles, en mentionnant leur qualité, tôle en cuivre, faible ou fort, poli ou non, et leur dimension en largeur; 7°. le nombre de vis employées à serrer ces cercles, en distinguant les communes de celles qui seraient mieux faites; 8°. la dimension de la porte, hauteur et largeur ; la qualité de la tôle, la force du châssis et de la ferrure, en observant si elle est ou non doublée en cuivre, avec ou sans serrure ; 9°. le nombre des bouchons en cuivre pour bouches de chaleur, leur dimension et leur forme ; s'ils sont pleins ou à charnières, ou évidés à jour ; et, en outre, si la douille est en cuivre ou en tôle ; 10°. la qualité de la tablette, faïence ou marbre ; l'espèce de marbre, son épaisseur et sa dimension ; 11°. enfin, le nombre de journées employées à la construction de ces poêles. Les carreaux ordinaires devant avoir huit pouces carrés, tous autres carreaux plus ou moins grands seront déduits à cette unité. Ainsi, un carreau de 12° sur 8° sera compté comme carreau et demi ; les carreaux d'angles ordinaires, qui portent huit pouces de face et trois à quatre pouces de retour, seront comptés pour carreau un quart. Les carreaux ordinaires, mais cintrés en plan pour des poêles circulaires, seront comptés un dixième en sus des carreaux droits. Les carreaux de quatre pouces de hauteur, portant corniche, seront comptés pour un carreau ; ceux de cinq pouces et de riche profil, pour un tiers en sus, et ceux de six pouces pour un carreau et demi ; les bases et chapiteaux des colonnes, composés de bouts de tuyaux, soit que ces bases fassent partie ou non de ces bouts, seront comptés pour chacun un bout de tuyau. Les tuyaux de tôle pour toute espèce de poêle seront comptés par bout ; on en indiquera le nombre sans autre dimension que le diamètre. On en fera deux classes, les tuyaux en tôle forte, et les tuyaux en tôle laminée. La pose de ces tuyaux ne sera compté que lorsqu'elle aura lieu extérieurement ; le temps qu'on y emploiera sera compté à la journée. Les bouts de tuyaux, autres que ceux ordinaires, seront réduits de la manière suivante. Chaque bout de tuyau, ayant une soupape avec sa tige, sera compté pour deux bouts ; et si sa tige a un bouton à olive poli, pour deux bouts et demi. Les coudes de deux pouces et demi jusqu'à quatre pouces de diamètre seront comptés pour un bout ; ceux de cinq pouces et six pouces pour un bout et demi, ceux au-dessus pour deux bouts. Les mitres seront comptés pour deux bouts. Les champignons simples, montés sur trois branches, seront comptés pour deux bouts, y compris le bout sur lequel elles sont rivées. Les champignons à la noix, de trois à six pouces de diamètre, composés de trois pièces, seront comptés pour trois bouts, y compris les tuyaux sur lesquels ils sont montés, ceux au-dessus pour quatre bouts.

Les tés à débouchure, de trois à six pouces, seront comptés pour deux bouts et demi ; ceux au-dessus, pour trois bouts. Les tés à abat-vent, de trois à six pouces de diamètre, seront comptés pour deux bouts et demi, et ceux au-dessus pour quatre bouts. Les bouts de tuyaux portant chapeau de cardinal seront comptés pour deux bouts et demi ; les cendriers en tôle, les tisonniers ou crochets, ainsi que les chevrettes en fer, seront comptés séparément ; on en indiquera les dimensions et les qualités. Le ramonage de cheminées et les ouvrages faits pour garantir de la fumée, seront comptés par chaque cheminée, on indiquera si le ramonage n'a pas exigé des descellemens de tuyaux, des trapes, etc. ; quand les poêliers auront rétabli ou fourni des mitres, ou faits des bouchemens de lézarde, ces ouvrages leur seront payés comme dans la maçonnerie. Les nettoyages et raccommodages des poêles seront comptés à la pièce, en indiquant l'espèce des poêles et les réparations qu'on y aura faites. Le badigeon sera mesuré et compté en superficie ; les vides ne seront pas déduits, ils compenseront les tableaux, les embrasures, etc.

TARIF

DE LA POÊLERIE et FUMISTERIE.

fr.   c.

Un poêle composé d'une tablette de cinq à sept carreaux en faïence, retenu par un cercle en tôle avec vis, monté sur un châssis en fer, supporté par quatre pieds rivés sur la carcasse, d'une feuille de tôle pour foyer, d'une porte sur un châssis simple, garnie de penture et loquet, ledit poêle de 18 pouces de hauteur, compris les pieds, sur 16 pouces de longueur, mesure prise sur la tablette, et 13 pouces de largeur sans carcasse et composé de cinq carreaux.   15

Le même avec un four en tôle.   17

Poêles de 19 pouces de hauteur sur 18 pouces et 14 pou-

           fr. c.

ces de largeur, avec carcasse et
sept carreaux   20

 Le même, avec un four en
tôle.   22   50

 Poêle de 21 pouces de hauteur sur 20 pouces et 16 pouces de largeur, à sept carreaux . . .   23

  Le même, avec un four . . .   25   50

  Poêle de 22 pouces de hauteur sur 22 pouces et 17 pouces de largeur, à sept carreaux. . .   26

  Le même, avec un four. . . .   29

Un poêle composé de onze carreaux, retenu par trois cercles en tôle, avec vis, monté sur un châssis comme le précédent, et de plus une carcasse dans l'intérieur, composée de deux cintres, d'une plaque et d'une porte en tôle, les ferremens plus forts que ceux des premiers poêles.

 Poêle de 25 pouces de hauteur sur 25 pouces et 19 pouces de largeur.   35

	fr.	c.
Le même, avec un four. . . .	39	

Poêle de 26 pouces de hauteur sur 25 pouces et 20 pouces de largeur. 42

Le même, avec un four. . . . 45

Poêle composé de quinze carreaux de faïence à mosaïque, retenu par quatre cercles en tôle avec vis, ses ferremens semblables aux précédens.

Poêles de 27 pouces de hauteur, sur 30 et 24 pouces de large. 60

Le même, avec four en tôle. . 64

Id., *id.*, de 30 pouces de hauteur sur 36 et 26 pouces de largeur. 70

Le même, avec four. 74 50

Un poêle rond de 15 pouces de diamètre, mesure prise sur la corniche, ou 13 pouces au nu du corps du poêle, sur 20 pouces de haut, composé de dix-sept carreaux. 60

fr.   c.

Poêle de 18 pouces de diamètre sur 22 pouces de hauteur, composé de 20 carreaux.   70

Poêle de 21 pouces de diamètre sur 24 pouces de hauteur, composé de 23 carreaux.   85

(*Nota* Lesdits poêles sont garnis d'une tablette en marbre.)

Poêle de 24 pouces de diamètre sur 26 pouces de hauteur, composé de 26 carreaux. 100

Poêle de 27 pouces de diamètre sur 28 pouces de hauteur, composé de 29 carreaux. 120

Les mêmes poêles, en carreaux, non émaillés.

Celui de 15° vaut.   48

    Id., 18°   57

    Id., 21°   72

    Id., 24°.   86

    Id., 27°. 105

Les poêles construits sur place sont très-variés dans leurs formes, ainsi que dans leurs dimensions, en raison des emplacemens qu'on leur destine, ou de l'étendue qu'on est obligé de leur donner pour chauffer une ou plusieurs pièces ; ces poêles ne peuvent être évalués que sur place, et en faisant le détail de chaque sorte de fourniture qui est entrée dans leur construction. L'intérieur de ces poêles se construit de trois manières différentes : la première est de faire les murailles en briques de champ, avec un plancher supérieur en tôle, sur traverse de fer, et un foyer de même en tôle.

La seconde est de faire les murailles, ainsi que le fond, en briques posées à plat, et d'employer de la fonte au lieu de tôle.

La troisième manière, et la plus usitée, est d'employer la brique de plat pour toutes les murailles, le fond et le couloir de chaleur; des tuiles à double rang pour les planchers, avec des plaques haut et bas des armatures en fonte, et de se servir de tuyaux en tôle pour conduire la chaleur au-dehors. Les carreaux sont de deux espèces; les uns de terre cuite non émaillée, appelés biscuits, les autres sont émaillés, blancs ou colorés. Ces carreaux sont, 1º. unis sans ornemens, 2º. à mosaïque unie, 3º. à dessin octogone uni, 4º. à dessin octogone et à rosace, 5º. à mosaïque et à rosace riche.

Tous ces carreaux portent 8 pouces de hauteur sur autant de largeur.

	fr.	c.
Les carreaux unis en buiscuit	1	
Id., *id.*, en faïence blanche	1	25
Id., *id.*, à mosaïque unie et en biscuit.	1	1C
Id., *id.*, en faïence blanche	1	40
Id., *id.*, à dessin octogone uni et en bircuit.	1	20
Id., *id.*, émaillés. . . .	1	60
Les carreaux à dessin octogone et à rosaces	1	35
Id., *id.*, émaillés. . . .	1	80
Carreaux à mosaïque et à rosaces riches, en biscuit	1	60
Id., *id.*, émaillés. . . .	2	10

Les carreaux, portant 12° sur 8°, se vendent moitié de plus que ceux ci-dessus. Les carreaux d'angles, portant 12° de long sur 8° de large, se vendent un quart de plus que les autres. Les carreaux portant socle, lorsqu'ils ont 6 à 7 pouces de hauteur, valent un tiers de plus que les autres.

Les carreaux portant corniche, qui ont 5 à 6 pouces de hauteur et d'un riche profil, se vendent un tiers en sus des autres.

Les carreaux ordinaires, mais qui sont cintrés en plan, se vendent un 10e. en sus de ceux qui sont droits.

	fr.	c.
Les colonnes, en faïence blanche unie, portent 16 pouces de hauteur, et se vendent au bout, ceux de 5° valent.	3	
Id., *id.*, de 6° de diamètre.	3	50
Id., *id.*, de 7° *id.* . . .	4	
Id., *id.*, de 8° *id.* . . .	4	50

Les bases et les chapiteaux sont ordinairement séparés des tambours, et se vendent le même prix qu'un bout de tuyau.

Les tuyaux unis et avec bandeau, portent 12 pouces de hauteur, ceux de 5° de diamètre se vendent, par chaque bout . . .	3	25
Id., de 6° de diamètre. .	3	75
Id., 7° *id.*	4	25
Id., 9° *id.*	5	50
Id., 12° *id.*	7	75

fr.   c.

Les mêmes tuyaux, mais avec cannelures, portent 12 pouces de hauteur, ceux de 6 pouces de diamètre valent. 4

  Id., 7° *id.* 4 50

  Id., 7° *id.* 6

  Id., 12° *id.* 8

Ces tuyaux portent avec eux base et chapitéaux, les bouts qui portent base et chapiteau valent le double des autres.

Les tuyaux en biscuit valent un quart de moins que ceux en faïence.

Les colonnes d'une seule pièce, en faïence, portant base et chapiteau, et ayant de 8 à 9° de diamètre, celle de 4 pieds de haut, portant base et chapiteau, valent. 33

  Une colonne, *id.* de 6 pieds de haut, vaut. 39

  Id. 7° *id.*. 54

Les mêmes colonnes, sans être émaillées, se vendent un quart de moins que celles ci-dessus.

	fr.	c.

Couronnemens de colonnes ou de tuyaux faits en terre émaillée.

Une flamme sans socle vaut. . . 4

Id. avec socle. . . . . - 5 50

Une corbeille sans socle.. . . 8

Id. avec socle. 9 50

Les mêmes en biscuit valent un tiers de moins.

Ferremens.

Porte en tôle ordinaire de 1° sur 10°, garnie de son châssis et de la fermeture.. 9

La même de 10° sur 12°. . . . 10 50

Porte faite en forte tôle à porte cochère, de 10 à 11° sur 8°, montée sur double châssis en fer coulé avec entre-toise, ferrée de pentures, gonds, loquet et une petite porte à coulisse, vaut. . . 13

La même, avec une serrure fermant à clef, vaut. 15 50

La même, de 8° sur 8°, sans serrure, vaut. 11 50

	fr.	c.

Id. Mais doublée d'une planche de cuivre jaune poli, vaut. **26**

Ces portes se vendent au poid, celles en fer valent, la livre. . . **1**

Les cercles en tôle mince de 12 lignes de large environ, valent le pied de long. **14**

Id. En forte tôle de 15 lignes de largeur, le pied. **20**

Les cercles de 12 lignes de large, en cuivre mince, gratté et non poli, le pied. **50**

Les mêmes, mais polis à l'émeri. **70**

Id. de 15 lignes de large et polis. **90**

Id. de 18 lignes de large. . . **1** **10**

Les vis ordinaires pour ces cercles se vendent à la pièce. **25**

Les mêmes, mieux faites et polies. **45**

Bouchons pour bouches de chaleur, à charnière en cuivre, mis en couleur et de modèle ordinaire, portant 2° et demi de diamètre. **2** **75**

	fr.	c.
Bouchons portant 3°..	3	25
Id. 3° faits à jour avec une étoile.	3	25

La fonte éprouve chaque année une variation dans les prix. Fonte de Champagne pour plaque de foyers unis, le cent, prix moyen. 15

Fonte de Normandie plus légère, le cent, *id.* 18

Fonte légère pour les autres plaques percées et les petits tuyaux à l'intérieur, le cent prix moyen. · 24

Les tuyaux en tôle se font avec deux et trois sortes de tôles plus ou moins fortes, dont le prix change en raison de la qualité.

Les plus forts et meilleurs tuyaux sont faits avec la tôle brute en paquet ; elle vient des forges de Champagne et de Bourgogne ; cette tôle se vend le cent. 46

La tôle laminée est beaucoup

fr.

plus mince que la première, et, employée à l'extérieur, elle ne dure que deux années au plus, elle se vend le cent. 55

La tôle de Suède, qui est une tôle mince, se vend. 70

Un bout de tuyau de 4 pouces de diamètre, fait en forte tôle brute, pèse deux livres.

Le même fait en tôle laminée, pèse une livre quatre onces.

La façon des tuyaux de 4 pouces de diamètre, bien faits et en forte tôle se paie 2 francs le cent, chaque bout porte un pied.

Les tuyaux en forte tôle de 2° et demi de diamètre employés à l'intérieur des poêles, correspondant aux bouches de chaleur, chaque bout portant 12 pouces de longueur, vaut. 70

Ceux pour les extérieurs des poêles, de 3° à 3° $\frac{1}{2}$ de diamètre et de 12° de long. 80

		fr.	c.
Id. 4° *id.*	1	
Id. 5° *id.*	1	10
Id. 6° *id.* . . . . :	1	30
Id. 8° portant 14° de longueur.	1	85
Id. 9° *id.* . . . 12° *id.* .	2	15
Id. 10° *id.* . . . 11° *id.* .	2	35
Id. de 11° de diamètre sur 11° de longueur.	2	60
Id. de 12° et 12° de haut. . .	3	

Les tuyaux en tôle laminée valent un cinquième de moins. Ces tuyaux se reconnaissent facilement de ceux de Bourgogne, en ce que la tôle est plus unie et est moins chargée de rouille.

		fr.	c.
Cendriers à tiroirs, en tôle, pour poêles portatifs et autres de 18 pouc. de haut., lesdits cendriers portant 7° sur 10°. . .	1	25
Poêle de 19° de haut. le cendrier de 8° sur 11°.	1	50
Id. de 21°, *id.* de 9° sur 12°. .	1	75
Id. de 22° *id.* 10° sur 14°. .	2	

	fr.	c.
Poêle de 25°, *id.* 11° sur 16°.	2	25
Id. 26°, *id.* 12° sur 18°. .	2	50

Les autres fournitures pour ces poêles consistent en briques, tuiles et terre franche.

Les poêliers achetant la brique en petite quantité, le cent de brique leur revient à.	5	
La tuile de Bourgogne leur revient le cent à.	9	
Le sac de terre franche vaut,		30
La journée d'un compagnon fumiste est de.	4	25

Les entrepreneurs de cette partie ayant pour la plupart des enfans qu'ils dressent à monter dans les cheminées et à poser des languettes, ils ne leur donnent que très-peu de chose; ces enfans servent ordinairement de garçons aux compagnons; cependant, comme les fumistes en prennent quelquefois, le prix de ces garçons est de. 2

fr.   c.

La fonte employée dans des poêles d'un petit foyer ayant deux à trois bouches de chaleur, quatre tuyaux intérieurs, deux plaques de fonte, pèse 80 à 90 livres. . . . .

Pour les poêles d'une plus grande dimension, de 120 à 130 livres de fonte. Pour un foyer de deux à trois bouches de chaleur avec six tuyaux et deux plaques de 200 à 220 livres de fonte. Les plus grands foyers, à quatre bouches de chaleur, ayant douze tuyaux à l'intérieur, il peut entrer 250 à 300 livres de fonte. .

Les plus petits foyers emploient environ de 25 à 30 briques et 10 à 15 tuiles. Les moyens, de 120 briques et 30 tuiles. Les plus grands de 200 à 240 briques et 50 à 60 tuiles. La construction d'un petit foyer exige deux journées de compagnon et de garçon. Les moyens, trois journées de compagnon et aide, et les plus grands, quatre journées.

Les fumistes se chargent aussi du ramonage des cheminées et de leurs réparations intérieures. Les moyens employés à l'extérieur, pour empêcher la fumée, sont les tuyaux en tôle placés au-dessus des tuyaux en plâtre, les mitres et doubles mitres. A l'intérieur, on se sert des moyens suivans : 1°. On ajoute un soubassement à la traverse du chambranle ; 2°. à poser deux planches isolées, entre lesquelles on en place de champ une troisième percée de trous ; l'air attiré et resserré par ces ouvertures acquiert plus de force et quelquefois suffisamment pour faire remonter la fumée ; 3°. à diminuer les dimensions du foyer et l'ouverture du tuyau, au moyen de doubles jambages obliques et d'un double mur de contre-cœur, qui porte la plaque en avant et rétrécit le passage de la fumée, qui cesse d'être refoulée par la colonne d'air extérieure ; 4°. à établir dans la cheminée, par une double languette en plâtre, un conduit qui dirige l'air, de manière que la fumée, après avoir tourbillonné dans le foyer, se trouve forcée à remonter.

Les fumistes se chargent aussi des badigeons extérieurs.

	fr.	c.
Le ramonage d'une cheminée.	45	
Id. à la corde, 1 fr. 50 c. à. .	2	

Il est de ces ramonages très-dif-
ficultueux qui ne peuvent se
payer qu'en raison du temps employé.

| Fourniture de mitre simple en plâtre. . . . . | 4 | 50 |

Id. d'un soubassement en planche de plâtre, composé d'une
seule languette, compris la barre
de fer. **4**

Soubassement composé de deux
planches. **8**

Soubassement double, avec
une 3e. intérieure et à jeu d'or-
gue. **10**

Soubassement avec courant
d'air établi horizontalement ou
perpendiculairement par des doubles languettes. **18**

Construction de cheminée à la
Rumfort, par un double jambage
et un dossier de contre-cœur. . . **11 50**

	fr.	c.
Id. avec une languette de sou-bassement.	14	50
Le badigeon couleur de pierre, à la chaux, 2 couches.		40
Id. en brun.		50

FIN DE LA POÊLERIE ET DE LA FUMISTERIE.

TREILLAGE.

Notions générales.

Le treillage n'est en usage aujourd'hui que pour les espaliers, les berceaux, etc.

L'art du treillageur demandait autrefois des connaissances en architecture et dans le dessin d'ornement; mais, depuis que l'on n'exécute plus des colonnes, des pilastres, etc., cet art se réduit à peu de chose.

Les bois propres au treillage sont le frêne et le châtaigner; ce dernier bois est celui dont on fait le plus d'usage.

Ces bois ce débitent en tringles de diverses longueurs, et dont la grosseur est de 9 à 10 lignes de large sur 6 à 7 lignes d'épaisseur. Ces tringles se vendent sans être planées et après avoir été seulement refendues. Un treillageur peut planer environ 72 toises linéaire dans sa journée. Le bois de treillage se vend à la botte, et il faut que les tringles réunies forment 216 pieds ou 36 toises linéaires.

Les ouvrages de treillage sont mesurés et comptés en superficie. Tout vide sera déduit, et chaque espèce de treillage sera compté séparément. Les doublis qui se trouvent au bas des treillages isolés ne seront point confondus avec le surplus de la hauteur de ces palis. Au timbre on indiquera l'espèce de bois, on dira si les tringles sont brutes ou planées, on indiquera la hauteur et la largeur de la maille. Les crochets pour espaliers, les poteaux pour les treillages isolés, les bâtis ou châssis pour les portes, ainsi que la peinture, seront comptés suivant les détails donnés pour la serrurerie, menuiserie et peinture.

TARIF

DES PRIX DU TREILLAGE.

———

	fr.	c.
Le prix de la botte, ou 36 toises de tringles dans les longueurs de 3 à 6 pieds.	2	25
Id., dans les longueurs de 6 à 9 pieds.	2	50
La botte de tringles toute planée, prix moyen.	3	60
La toise linéaire.		10

Le fil de fer propre au treillage est le fil de Limoges, et le fil normand. Le fil de Limoges est de deux sortes, le n°. 5 avec lequel on lie les tringles planées, le n°. 7 employé en tringles brutes, comme pour espaliers, berceaux, etc.

Le fil normand, lorsque le

treillage est isolé de la muraille, on tire de celui-ci les pointes qui servent à le fixer sur des poteaux. Ces pointes portent environ 2 pouces de long, et se placent de deux en deux mailles, sont prises dans les n°s. 9, 10 et 12, suivant la force des bois et l'étendue de la maille.

Le fil de fer de Limoges, n°. 7, recuit et prêt à être employé. 1

La livre contient 205 pieds.
Le n°. 5. 1

La livre contient 290 pieds.
La livre de fil normand, n°. 9. 90

Ce fil porte une ligne et demie de grosseur, et la livre contient 19 pieds 6 pouces

Le même, n°. 12. 90

Il porte 2 lignes de grosseur, et la livre contient 12 pieds de longueur.

fr. c.

Une toise superficielle de treillage d'espalier ou de berceau, en tringles brutes liées avec du fil de fer nᵒ. 7, la maille de 9 pouces sur 11.

Mesure prise du milieu des bois. 1 88

Le mètre superficiel. 49

La toise superficielle, *id.* à la précédente. la maille de 8 pouces sur 10 pouces. 2 23

Le mètre superficiel. 59

La toise, *id.* La maille de 7 pouces sur 8 pouces. 2 75

Le mètre superficiel. 72

Id., la maille de 6 pouces sur 6 pouces. 3 61

Le mètre superficiel. 95

Une toise superficielle de treillage d'espalier, etc.

Maille de 5 pouces sur 5 pouces. 4 31

Le mètre superficiel. 1 14

7

	fr.	c.
Toise superficielle, *id.*, maille de 4 pouces sur 4 pouces. . . .	5	54
Le mètre superficiel.	1	45
Treillage fait en bois plané, les tringles affilées ou non par les bouts, fixées sur les poteaux avec des pointes, et liées avec du fil de fer n°. 5, la maille de 7 pouces sur 8 pouces, la toise.	3	70
Id., le mètre superficiel. . . .		97
Id., la maille de 5 pouces sur 6 pouces, la toise.	5	25
Id., le mètre superficiel. . .	1	38
Id., la maille de 4 pouces sur 5 pouces, la toise superficielle.	6	44
Le mètre superficiel.	1	69
Id., la maille de 4 pouces sur 4 pouces, la toise superficielle. .	7	26
Le mètre superficiel, *id.* . .	1	91
Id., la maille de 3 pouces sur 4 pouces, la toise superficielle. .	8	36
Le mètre, *id.*	2	20

	fr.	c.
Id., la maille de 3 pouces sur 3 pouces, la toise superficielle. .	9	78
Le mètre superficiel.	2	87
Id., la maille de 2 pouces sur 3 pouces, la toise superficielle. .	12	37
Id., le mètre superficiel. . . .	3	26

FIN DU TREILLAGE.

GRILLAGE.

Notions générales.

La matière employée à faire le grillage est le fil de fer et le fil de laiton. Le fil de fer se tire de Limoges, et le cuivre de laiton vient de l'Aigle, leur numéro fait connaître leur force, observant toutefois que les numéros ne sont pas homogènes pour le fer et le cuivre, car le n°. 2, en fer, est aussi fort que le n°. 8 en cuivre. Les mailles du grillage sont de diverses grandeurs, comme le fil est de différentes forces; les mailles en fil de fer sont ordinairement de 6, 9, 12, 15, 18 et jusqu'à 24 lignes, les fils pour chacune de ces mailles sont proportionnés dans leur force.

Pour la maille de 6 lignes, on emploie ordinairement du fil n°. 5, la livre contient 290 pieds de longueur. Pour la maille de 9 lignes on emploie le n°. 6; la livre de ce numéro contient 240 pieds. Pour la maille de 12 lignes on emploie le n°. 7;

la livre contient 205 pieds. Pour la maille de 15 lignes on emploie le n°. 8 ; la livre contient 155 pieds. Pour la maille de 18 lignes on emploie le n°, 9 ; la livre contient 130 pieds. Pour la maille de 2 pouces on emploie le n°. 10 ; la livre contient 112 pieds linéaires. En fil de laiton, les mailles ont depuis 3 jusqu'à 9 lignes, et les fils ont pour chacune de ces mailles un numéro.

Ainsi, pour la maille de 3 lignes on emploie le n°. 4 ; la livre de ce fil contient 1,120 pieds. Pour la maille de 2 lignes on emploie le n°. 5 ; la livre contient 927 pieds. Pour la maille de 5 lignes on emploie le n°. 6 ; la livre contient 769 pieds. Pour la maille de 6 lignes on emploie le n°. 7 ; la livre contient 720 pieds. Pour la maille de 8 à 9 lignes on emploie le n°. 8 ; la livre contient 626 pieds. La livre de fil de fer de Limoges se vend, du n°. 12 au n°. 8, 90 c. La livre, du n°. 8 au n°. 4, 1 fr. Le fil de laiton, du n°. 8 au n°. 4, revient à 3 fr 25 c. Les ouvrages en grillage se donnent ordinairement à la tâche.

La journée des ouvriers, dans cette partie, est de 3 fr. 50 c.

Les ouvrages de grillage sont toisés pour être réduits en superficie; ses vides, de quelque nature qu'ils soient, seront déduits. Mais quand les grillages seront faits sur châssis circulaire, la surface en sera réduite aux cinq sixièmes de celle produite par le carré, pour compenser les déchets de la matière et le surplus de la main-d'œuvre.

On aura soin d'indiquer l'espèce de fil et son numéro, afin d'en faire connaître la force comme le poids; il en sera de même de la dimension de la maille.

TARIF

DES PRIX DU GRILLAGE.

---

	fr.	c.
Grillage en fil de fer, n°. 10, et la maille de deux pouces.		
Le pied superficiel.		39
Le mètre.	3	70
Maille de 18 lignes, fil n°. 9.		
Le pied superficiel.		40
Le mètre.	3	79
Maille de 15 lignes, fil n°. 8.		
Le pied superficiel.		44
Le mètre.	4	17
Maille de 12 lignes, fil n°. 7.		
Le pied superficiel.		51
Le mètre, *id.*	4	83
Maille de 9 lignes, fil n°. 6.		
Le pied superficiel		57
Le mètre, *id.*	5	40

	fr.	c.
Maille de 6 lignes, fil n°. 5.		
Le pied superficiel.		70
Le mètre, *id.*	6	63
Grillage en fil de laiton, la maille de 8 lignes, fil n°. 8.		
Le pied superficiel.		65
Le mètre, *id.*	6	16
Maille de 6 lignes, fil n°. 7.		
Le pied superficiel.		81
Le mètre, *id.*	7	68
Maille de 5 lignes, fil n°. 6.		
Le pied superficiel.		91
Le mètre, *id.*	8	62
Maille de 4 lignes, fil n°. 5.		
Le pied superficiel.	1	7
Le mètre, *id.*	10	44
Maille de 3 lignes, fil n°. 4.		
Le pied superficiel.	1	28
Le mètre, *id.*	12	13

FIN DU GRILLAGE.

Grillage

VIDANGE DES FOSSES.

Notions générales.

Avant de faire vider une fosse, il faut la repairer, c'est-à-dire mesurer l'intervalle qui est entre le dessus de la matière et l'intérieur de la voûte au droit de la fermeture; toiser ensuite au cube l'intérieur de la fosse lorsqu'elle est vide, et en déduire le vide du repaire. Quand on est pour procéder à la vidange d'une fosse, on tire la pierre qui en bouche l'entrée pour laisser échapper la vapeur qui se trouve sur la surface des matières. À l'instant de l'ouverture, il faut avoir le soin de s'éloigner de suite afin d'éviter d'être asphyxié, et écarter toute lumière qui, en enflammant la matière, pourrait occasioner une explosion. La vidange commence à onze heures du soir et doit finir assez tôt pour que la dernière voiture de transport soit hors des barrières à cinq heures du matin.

Lorsque les voûtes sont empoisonnées,

il y existe trois sortes de matière : 1°. la croûte ; 2°. la vanne, qui est la matière la plus liquide ; 3°. la heurte, c'est dans la vanne et surtout dans la heurte que se trouve le plus subtil poison. A mesure que la vidange s'effectue, on allume un réchaud de charbon de bois, que l'on place dans la fosse ou sur l'ouverture du siége le plus près de la fosse. Le charbon corrompt le méphitisme étranger, perd aussi le sien propre. Ce moyen est meilleur et plus expéditif que celui de jeter de la chaux vive pulvérisée dans la fosse.

Les ouvriers employés aux vidanges travaillent quatre à cinq heures par nuit, chaque homme est payé de 4 à 5 francs. Cinq à six ouvriers suffisent pour enlever une toise cube dans une nuit. La voiture destinée à cet usage transporte trente-six tinettes, une tinette contient deux pieds un pouce cube, ainsi trois voyages transportent une toise cube. Quand la vidange se fait à une grande distance du lieu du dépôt, un attelage ne fait qu'un voyage dans sa nuit ; mais, dans le cas contraire et lorsque les ouvriers peuvent suffire, il en fait souvent deux et même trois.

TARIF

DE LA VIDANGE DES FOSSES.

Prix de la
toise cube.
fr.   c.

La vidange des fosses ordinaires, quand le service n'est pas trop difficile, se paie de 50 à 60

Quand la vidange se fait par des caves profondes ou éloignées par des doubles caves, ou qui se rencontre d'autres causes qui exigent plus de temps, se paie de 70 à 75

Quand les vidanges sont partielles et que le nombre des tinettes ne s'élève pas au-dessus de 25, ces vidanges se comptent à la tinette et se paient chacune. 1

FIN DE LA VIDANGE DES FOSSES.

TABLE

DES MATIÈRES.

FIN DE LA TABLE.